Bibliografische Information der Deutschen Nationalbibliothek:

Die Deutsche Bibliothek verzeichnet diese Publikation in der Deutschen National-bibliografie; detaillierte bibliografische Daten sind im Internet über http://dnb.d-nb.de/ abrufbar.

Impressum:

Copyright © 2015 GRIN Verlag, Open Publishing GmbH
Druck und Bindung: Books on Demand GmbH, Norderstedt Germany
ISBN: 978-3-668-09702-5

Dieses Buch bei GRIN:

http://www.grin.com/de/e-book/311052/glaziale-erosions-und-akkumulationsformen

Katharina Schulz

Glaziale Erosions- und Akkumulationsformen

GRIN Verlag

RWTH Aachen

Geographisches Institut

Grundseminar Physische Geographie

SS 2015

Hausarbeit

16.03.2015

Glaziale Erosions- und Akkumulationsformen

Katharina Schulz

5. Semester

Studienfach: B. Sc. Angewandte Geographie

Inhaltsverzeichnis

1 Einleitung

Glaziale Erosions- und Akkumulationsformen prägen einen großen Teil der heutigen Erdoberfläche. Ein Grund dafür sind zum einen, die in der Erdgeschichte immer wieder auftretenden, Eiszeiten und zum anderen, die enorm ausgeprägte oberflächenformende Wirkung des Gletschereises. Vor allem vor dem Hintergrund der aktuell fortschreitenden Klimaerwärmung und dem damit einhergehenden Gletscherrückzug, ist davon auszugehen, dass der Anteil der glazial geprägten Erdoberfläche zunehmen wird.

Die Voraussetzungen, die Entstehungsmechanismen sowie die Ausbildungsformen glazialer Erosions- und Akkumulationsformen sind das Thema der vorliegenden Arbeit, genauso wie deren Einbindung in den gesamten formschaffenden Kreislauf der Erdoberfläche.

Nach einer kurzen Einführung in das Thema, die sich aus Begriffserklärung und Abgrenzung zusammensetzt, wird zunächst auf die Gletscherbewegung eingegangen, da diese als Grundvoraussetzung für das Auftreten glazialer Erscheinungsformen angesehen werden kann. Anschließend werden, nach der Einbindung des Themas in den gesamten oberflächenformenden „Kreislauf der Gesteine", die einzelnen glazialen Erscheinungsformen und die dazugehörigen Prozesse, in chronologischer Reihenfolge, näher erläutert.

Aufgrund des begrenzten Rahmens dieser Arbeit sowie zugunsten der Verständlichkeit, beziehe ich mich bei der Ausarbeitung dieser Kapitel ausschließlich auf die Gletscher des alpinen Raumes. Weiterhin werden- abgesehen vom letzten Kapitel- nur glaziale Oberflächenformen behandelt.

Das letzte Kapitel beschäftigt sich mit dem Konzept der glazialen Serie - und zwar im Speziellen – mit seiner Anwendung im alpinen Vorland, da die vorhergehenden Kapitel dieser Arbeit ebenfalls auf die Gletschertypen dieses Raumes beschränkt sind. Angesichts der festen Bestandteile dieses Konzeptes werden hier zum Teil auch glazifluviale Oberflächenformen besprochen.

2 „Glazial" – Bedeutung und Abgrenzung

Das Wort Glazial wird in der Fachliteratur mehrdeutig verwendet, zum einen beschreibt es Kaltzeiten der Eiszeitalter, zum anderen wird der Begriff klimatisch und räumlich verwendet (Leser 1998[8]:142-143). Nach Schreiner (1992:3) werden alle Formen und Prozesse - die im Zusammenhang mit Gletschern stehen - unter dem Begriff Glazial zusammengefasst. Die Verbreitung glazialer Erosions- und Akkumulationsformen ist an die gegenwärtige oder historische Existenz von Gletschereis gebunden. Räumlich und klimatisch grenzen sich die glazialen Erosions- und

Akkumulationsformen von den periglazialen Oberflächenformen ab, die durch glazifluviae Prozesse gebildet werden (Leser 1998[8]:142-143).

3   Gletscherbewegung

Voraussetzung für die Ausbildung glazialer Erosions- und Akkumulationsformen ist die Gletscherbewegung, d.h. Material wird an einer Stelle durch Eis erodiert und an anderer Stelle wieder akkumuliert (Wilhelm 1975:343). In glazialen Gebieten wandelt sich locker geschichteter Neuschnee im Zuge der Metamorphose durch den Prozess der Sublimation erst in Firn und letztendlich in Gletschereis um. Bei der Sublimation schmelzen die Schneekristalle, das entstandene Wasser sickert in die bereits bestehenden Eisschichten und gefriert wieder, was zu einer zunehmenden Verdichtung führt (Bahlburg/Breitkreuz 2004[2]:58-59). Durch diese fortwährende Verdichtung des Neuschnees erreicht das Gletschereis große Mächtigkeiten und es beginnt sich, bei vorhandenem Relief, hangabwärts zu bewegen (Strahler/Strahler 1999:469-470). Der Mechanismus, der für die aktive Eisbewegung verantwortlich ist wird als Deformationsfließen bezeichnet. Dabei werden die Eiskristalle durch interne Gleitprozesse sowie durch Bewegungen zwischen den einzelnen Kristallen deformiert. Das Deformationsfließen setzt ab einer Schubkraft von 50kPa ein. Hervorgerufen wird diese durch Druck der überlagernden Eismächtigkeit und der reliefbedingten Schwerkraft. Durch dieses plastische Verhalten des Eisen fließt der Gletscher (Winker 2009:22-23).

4   Glaziale morphodynamische Prozesskette

Die Erdoberfläche wird durch das Zusammenspiel von endogenen Kräften, die überwiegend relieferhöhend wirken und den reliefmindernden exogenen Kräften gestaltet (Fraedrich 1996:48). Zusammengefasst wird diese wechselseitige Beeinflussung der Kräfte im Kreislauf der Gesteine (Georgi 1972:7-8). Die exogenen Kräfte bilden einen Teilausschnitt dieses Gesteinskreislaufes und werden durch verschiedene Faktoren der Atmosphäre gesteuert. Sie enthalten die Prozesse Verwitterung, Abtragung, Transport und Ablagerung von Material. Fraedrichs (1996:49) Auffassung nach laufen diese Prozesse, in genannter Reihenfolge, in einem fortwährenden Kreislauf ab, weshalb er in diesem Zusammenhang von einem „morphodynamischen Kreislauf" spricht.

Eine der exogenen Kräfte ist das Eis, das bedeutet, dass die Prozesse der Verwitterung, der Abtragung, des Transports und der Ablagerung durch das Medium Eis hervorgerufen werden (Freadrich 1996:52-53). Wird nun die exogene Kraft des Eises auf den morphodynamischen

Kreislauf bezogen, kann von einer glazialen morphodynamischen Prozesskette gesprochen werden. Der Begriff des Kreislaufes wird hier bewusst durch die Prozesskette ersetzt, da z.B. nicht alle glazial geformten Ablagerungsformen auch durch glaziale Erosion abgebaut werden.

4.1 Glaziale Erosionsprozesse- und formen

„Ein Talgletscher von nur wenigen hundert Metern Breite kann in einem einzigen Jahr mehrere Millionen Tonnen Gestein vom Untergrund losreißen und zerkleinern." (Press/Siever 2008[5]:21). Wie dieses Zitat bereits deutlich macht verfügen Gletscher über eine sehr große Erosionskraft. Die Erosionstätigkeit von Gletschern setzt sich aus drei Einzelprozessen zusammen, die eng mit dessen Transportvermögen verknüpft ist (Press/Siever 2008[5]:586) (Price 1973:59).

Gletscher nehmen im Zuge der Hangabwärtsbewegung Lockermaterial auf, was durch verschiedene Verwitterungsvorgänge entstanden ist. Dies ist der Prozess der Exaration, er bildet die Grundlage für einen weiteren Erosionsprozess, die Detersion. Die Detersion beschreibt die schleifende, schrammende und kratzende Wirkung der, durch die Exaration, im Gletschereis aufgenommenen Partikel auf den Untergrund. Sie wirkt besonders auf die, dem Gletscher zugewandten, Stoßseite von Gesteinsformationen. Im Gegensatz dazu werden durch den Erosionsprozess der Detraktion an der Gletscherbasis festgefrorene Gesteinskomplexe herausgebrochen und mit dem Eis abtransportiert (Ahnert 2009[4]:308) (Press/Siever 2008[5]:586-587).

Das Ergebnis der unterschiedlichen erosiven Vorgänge sind glaziale Erosionserscheinungen verschiedener Form und Größenordnung (Embleton/King 1975[2]:181). Die unterschiedlich ausgeprägten glazialen Erosionsformen sind auf Unterschiede von Gletschereigenschaften, Dauer der Vergletscherung, wie auch auf die Struktur und Topographie des Gebirges zurückzuführen (Sugden/John 1976:168). Der Großteil des glazilen Formenschatzes gelangt erst nach dem Abschmelzen des formschaffenden Eises an die Erdoberfläche (Leser 1998[8]:146).

4.1.1 Kare

Eine typische Erosionsform glazialer Gebirgsbereiche ist das Kar (Fraedrich 1996:54). Sie bilden die Ursprungsbereich von Gletschern, was ihnen die Funktion als Anzeiger der Höhenlage der klimatischen Schneegrenze zur Zeit ihrer Entstehung zukommen lässt (Leser 1998[8]:146) (Ahnert 2009[4]:310).

Kare sind in Bergwände befindliche Hohlformen mit flachem Boden und steilen, zerklüfteten Hängen, wobei die Form ihrer Grundrisse variieren kann. Die Karschwelle, aus anstehendem Gestein oder akkumuliertem Gesteinsmaterial, trennt die Hohlform vom restlichen Gebirge (Leser 1998[8]:146-147). Kare entstehen indem sich in einer bereits vorgeprägten Vertiefung im Gebirge Schnee akkumuliert. Mit der fortschreitenden Akkumulation und Verdichtung des Schnees bildet sich an dieser Stelle ein Kargletscher, der nun mit seiner erosiven Tätigkeit beginnen kann. Durch die Erosionsvorgänge der Exaration, Detersion und Detraktion, sowie durch miteinhergehenden Verwitterungsprozesse wird die Mulde des Kargletschers vertieft und erweitert. Es entsteht schließlich, die für Kare charakteristische, steilwändige Hangnische, die nach dem Rückzug des Gletschers zum Vorschein tritt.

 Karlinge, auch Hörner genannt, entstehen, wenn mehrere Grate pyramidenartig an einem Berggipfel zusammentreffen. Ein bekanntes Beispiel dieser glazialen Erosionsform ist das Matterhorn (Goudie 2002[4]:123-124).

4.1.2 Trogtäler

<u>Abbildung 1: Schematischer Querschnitt durch ein Trogtal</u>

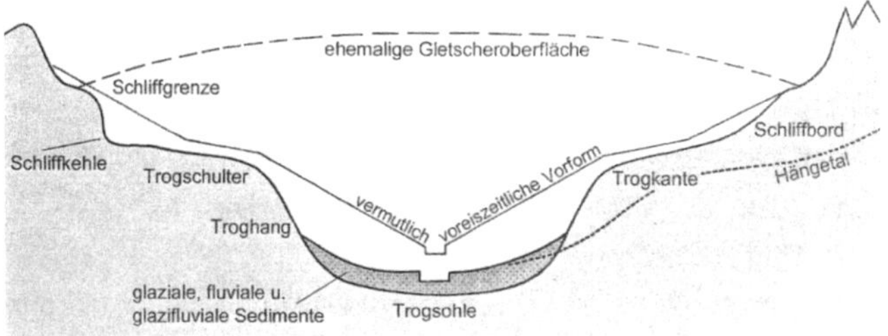

Quelle: (Zepp 2011[5]:197)

Eine weitere Form mit glazialen Übertiefungen stellen, neben den Karen, die Trogtäler dar (Willhelm 1975:345). Fließt ein Gletscher aus einem Kar heraus, bergab in Richtung Haupttal bzw. Vorland des Gebirges, bildet sich jenseits der Karschwelle ein Trogtal (Leser 1998[8]:149). Bei seiner Hangabwärtsbewegung folgt der Gletscher meist dem Verlauf perglazial geformter Kerbtäler. Wie in der Abbildung 1 angedeutet besitzen Kerbtäler einen V-förmigen Querschnitt und bilden sich durch die erodierende Wirkung fließenden Wassers (Bahlburg/Breitkreuz 2004[2]:68). Während der Hangabwärtsbewegung erweitert der Gletscher das Kerbtal sowohl durch Tiefenerosion an seiner Basis, als auch durch Seitenerosion an den Hängen. Die Tiefen- und Seitenerosion setzen sich hauptsächlich aus den glazialen Erosionsmechanismen der Detersion und Detraktion zusammen. Die anhaltende Erweiterung endet in einer Umformung des V-förmigen Kerbtals zu einem U-förmigen Trogtal, mit übersteilten Talhängen und einer flachen Sohle (Fraedrich 1996:54-55).

Aus der Abbildung 1 wird ersichtlich, dass sich die U-förmigen Trogtäler durch bestimmte gestalterische Merkmale charakterisieren. An die flache Talsohle mit ihrem beidseitig übersteilten Talhängen, schließt sich oberhalb ein flach ansteigender Teil der Trogwand an, das sogenannte Schliffbord. Das Schliffbord kennzeichnet die Teile des Tales, die am kürzesten vom Gletschereis bedeckt waren und somit geringfügiger glazialerosiv bearbeiten werden konnten. Der Hangabschnitt des Schliffbords endet an der Schliffgrenze. An diese Grenze tritt die Gletscheroberfläche mit den Seitenhängen des Tales zusammen, sodass die Schliffgrenze auch als Obergrenze der glazialen Schleifwirkung angesehen wird. Unterhalb der Schliffgrenze kann sich zusätzlich, je nach Hangexposition bzw. durch intensive Sonneneinstrahlung und den damit einhergehenden starken Verwitterungsvorgängen an der Felswand, eine Hohlkehle bilden. Sie wird in diesem Zusammenhang als Schliffkehle bezeichnet.

In Hochgebirgen kann es darüber hinaus, im Bereich des Schiffbords, zu der Formung von Trogschultern kommen (Leser 1998[8]:150). Laut Zepp (2011[5]:197-198) handelt es sich hierbei - im Gegensatz zu den ansteigenden Schliffbords - um starke Verflachungen, die durch glaziale Überprägung perglazialer Talbodenreste entstanden sind. Die Trogkante bildet den Übergangsbereich zwischen den steilfelsigen Talhängen und den Trogschultern (Leser 1998[8]:150).

Bei den sogenannten Hängetälern handelt es sich um eine Sonderform der Trogtäler. Zwar besitzen auch sie meist den typischen U-förmigen Querschnitt, allerdings entstehen sie, wie auch in Abbildung 1 angedeutet wird, in Höhe des Schliffbords, am Hang eines größeren Trogtales. Sie bilden sich durch Nebengletscher, die das anstehende Gestein aufgrund ihrer geringeren Mächtigkeit nicht so tief erodieren (Zepp 2011[5]:198).

4.1.3 Rundhöcker

Abbildung 2: Glazial geprägte Formen: Rundhöcker

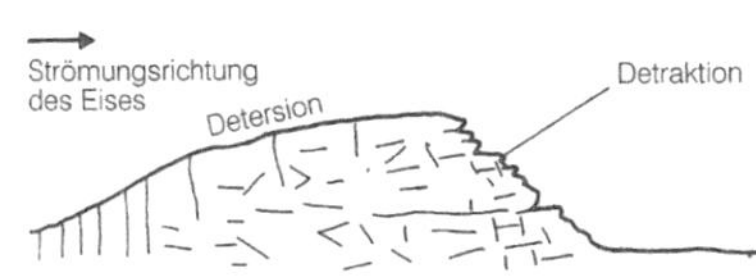

Quelle: (Goudie 2002[4]:126) verändert

Verlässt das Gletschereis das Hochgebirge und dringt in flachere Regionen vor, kann es zur Ausbildung von Rundhöckern kommen (Fraedrich 1996:55). Allerdings treten diese nicht nur in den tieferen Regionen der Hochgebirge auf, sondern generell dort, wo der Gletscher einen relativ flachen Untergrund überfährt und bearbeitet. Daher sind Rundhöcker, wie schon im vorrangehenden Abschnitt erwähnt, oft in den abgeflachten Bereichen der Trogschultern anzutreffen.

Kuhles Auffassung nach sind Rundhöcker, bei konstanten und optimalen Bildungsbedingungen, „[...] perfekte Strömungsformen mit flachem Stoß- (Luv-) und steilem Leehang [...]" (Kuhle 1991:28). Wie auch in Abbildung 2 dargestellt ist überfährt der Gletscher einen flachen Felsrücken und übt dabei die abschleifende Wirkung der Detersion auf den Luvhang aus. Durch die Druckerhöhung, die sich im Gletschereis bis zum höchsten Punkt des Feldrückens einstellt, kommt es zur Druckschmelzung und somit zur Bildung eines Wasserfilmes zwischen Gletscher und Gletschersohle, der den Prozess der Detersion begünstigt. Überschreitet das Gletschereis die Kulmination des Felsrückens kommt es zur sofortigen Druckentlastung und die Bildung des Wasserfilmes zwischen Gletscher und Felsuntergrund stoppt. Infolgedessen friert der Gletscher wieder verstärkt am Untergrund fest und löst, durch die Detraktion, ganze Gesteinsblöcke oder -bruchstücke aus dem Gesteinsverband des Felsrückens. Es entsteht, wie im rechten Teil der Abbildung zu sehen ist, ein kürzerer, steiler Leehang mit diversen Abbruchflächen (Kuhle 1991:28).

Insbesondere widerstandsfähige Gesteine werden durch die erosive Tätigkeit von Eis zu derartigen Vollformen umgestaltet (Wilhelm 1974:344).

4.2 Glazialer Transport

Den nächsten Prozess der glazialen Prozesskette bildet der glaziale Transport. Gletscher sind aufgrund ihrer physikalischen Eigenschaften in der Lage große Mengen heterogenen Materials über weite Strecken zu transportieren. In Anlehnung an Press und Siever (2008[5]:588) wird sowohl von einer hohen Kompetenz, das Vermögen ein breites Spektrum an Korngrößen zu transportieren, als auch von einer hohen Kapazität des Gletschereises gesprochen, welche sich auf die große Menge des transportierten Materials bezieht.

<u>Abbildung 3: Transportpfade in einem Gletscher</u>

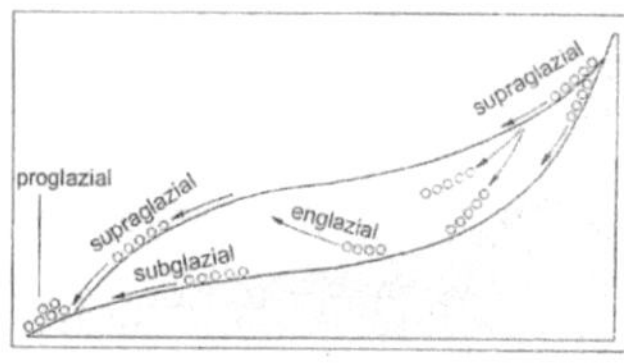

Quelle: (Zepp 2011[5]:199)

Dieses breite Spektrum an mitgeführtem Material wird auf unterschiedliche Weise vom Gletscher aufgenommen und dementsprechend auf verschiedenen Transportpfaden im Gletscher transportiert. Mittels Detersion, Detraktion und Exaration nimmt der Gletscher große Gesteinsbruchstücke und präexistierendes Lockermaterial im Bereich seiner Sohle bzw. Stirn auf und transportiert sie, entsprechend der Abbildung 3, subglazial. Gelangen die aufgenommenen Materialien jedoch durch diverse physikalische Prozesse in das Innere des Gletschers wird von einem englazialen Transport gesprochen. Außerdem gelangt auch Fremdmaterial, das nicht durch die erosive Tätigkeit des Gletschers selbst bereitgestellt wird, wie z.B. durch gravitative Massenbewegungen, in das Gletschereis. Die von den Berghängen herunterstürzenden Gesteine treffen mit der Gletscheroberfläche zusammen und werden von ihr gemäß der Abbildung 3 supraglazial weitertransportiert. Allerdings können diese Materialien auf verschiedene Weise, z.B. im Zuge der anhaltenden Schneeakkumulation und –verdichtung, auch in tiefere Ebenen des Gletschers gelangen und somit dem englazialen oder subglazialen Transportpfad folgen (Zepp 2011[5]:199).

4.3 Glaziale Akkumulationsprozesse und –formen

Den letzten Abschnitt der glazialen Wirkungskette stellt die glaziale Akkumulation mit ihren resultierenden Akkumulationsformen dar. Denn obwohl der Gletschertransport weitaus effektiver als der Transport der Medien Wasser und Wind ist, ist auch er endlich.

Die im Gletscher mitgeführten, heterogenen Materialien werden nach ihrer Ablagerung aus dem Eis als Geschiebe bezeichnet. Es wird mittels der Ablagerungsposition zwischen zwei Geschiebearten unterschieden. Folglich handelt es sich bei Materialien, die unmittelbar an der Gletschersohle abgelagert werden, um Ablagerungsgeschiebe und bei Materialien, die durch Schmelzvorgänge ihren englazialen Transportpfad verlassen und an die Gletscheroberfläche oder -stirn gelangen, um Ablationsgeschiebe (Goudie 2002[4]:127).

Unter anderem führen die unterschiedlichen Geschiebearten, wie auch die große Bandbreite an Korngrößen des transportierten Materials, zu einer Vielzahl verschiedener Akkumulationsformen. Kennzeichnend für alle glazialen Akkumulationsformen ist jedoch, dass sie aus unsortiertem, gerundetem und gekritztem Gesteinsmaterial bestehen und sich somit eindeutig von den fluvialen und glazi-fluvialen Ablagerungsformen abgrenzen (Zepp 2011[5]:200-201).

4.3.1 Moränen

Press und Siever (2008[5]:591) charakterisieren „mächtigere Abfolgen aus steinigem, sandigem und tonigem Material, die durch Gletschereis verfrachtet oder als Geschiebelehm abgelagert werden [...]" als Moräne. Die äußere Form der Moränen liegt nach dem Abschmelzen des Gletschers frei an der Oberfläche (Ahnert 2009[4]:314).

Sie gliedern sich durch ihre Position zum ehemaligen Gletscher in die Moränentypen Endmoräne, Seitenmoräne, Mittelmoräne und Grundmoräne, die nach dem Abschmelzen des Gletschers verschiedene Oberflächenformen hervorbringen. Endmoränen bestehen aus unsortiertem Geschiebe, das sich wallartig parallel zur Gletscherfront ablagert (Press/Siever 2008[5]:591). Sie beziehen ihr Material, im Gegensatz zu den anderen Moränentypen, nicht nur aus dem im Gletscher ausgeschmolzenen Material, sondern auch aus Lockersediment, das der Gletscher, laut Abbildung 3 proglazial, vor sich her geschoben hat (Wilhelm 1974:345). Dementsprechend markiert der Endmoränenwall den Bereich des weitesten Gletschervorstoßes. Als Seitenmoränen werden parallel zu den Talwänden verlaufende Wälle aus Gletschergeschiebe verstanden. Beim Zusammenfließen von zwei oder mehreren Gletschern kann es zusätzlich zur Ausbildung einer Mittelmoräne kommen, dabei vereinigen sich Seitenmoränen der Gletscher, sodass es auch in der Mitte eines Gletscherbetts zur Akkumulation von Geschiebe kommen kann. Dieser Typ der Moränenablagerung heißt Mittelmoräne. Gletschergeschiebe, das subglazial transportiert wurde und sich an der Gletschersohle ablagert, charakterisiert die Grundmoräne. In Abhängigkeit des Lehmgehalts des Geschiebes bildet sich im Bereich der Grundmoräne ein mehr oder minder stark reliefierter Untergrund aus (Press/Siever 2008[5]:591). Neben dem Lehmgehalt existieren noch andere Faktoren und Prozesse, die die äußere Gestalt der Grundmoräne beeinflussen.

4.3.2 Toteishohlformen

Wie bereits im vorherigen Kapitel erwähnt, können sich die Grundmoränenlandschaften hinsichtlich der Ausprägung ihrer Reliefierung unterscheiden. Ein weiterer reliefbildender Faktor ist das Auftreten von Toteishohlformen.

Im Zuge des Gletscherrückzugs trennen sich einzelne Eisfraktionen vom aktiven Gletscher ab und bleiben in kleinen Vertiefungen, im Bereich der Grundmoräne, zurück. Gleichzeitig wird das isolierte Eis von Moränenschutt überlagert, was zu einer Verzögerung des Abschmolzprozesses führt. Diese isolierten und geschützten Teile des Gletschereises werden als Toteis bezeichnet. Durch das völlige Abschmelzen des Toteises sackt die überlagernde Deckschicht aus Moränenmaterial nach und es entstehen glaziale Hohlformen: Die Toteislöcher. Eine Sonderform der meist großdimensionalen Toteislöcher bilden die Sölle. Sie besitzen einen geringeren Durchmesser und sind durch eine eher rundliche Form gekennzeichnet (Ahnert 2009[4]:314).

4.3.3 Drumlins

Weitere glaziale Akkumulationsform, die zur Bildung einer stark relieffierten Grundmoränenlandschaft beiträgt, sind die Drumlins (Goudie 2011[4]:128). Dabei handelt es sich um stromlinienförmige Vollformen aus Moränenmaterial. Sie verfügen über einen elliptischen Grundriss mit einer zwischen 1 bis 2 Kilometern variierenden Länge und einer Breite von ungefähr 500 Metern. In ihrer äußeren Gestalt ähneln sie stark den erosiv geschaffenen Rundhöckern, unterscheiden sich jedoch deutlich durch ihren steilen Luvhang und einem flach auslaufenden Leehang (Press/Siever 2008[5]:592).

Sie entstehen durch Gletschervorstöße über bereits abgelagertes Moränenmaterial, weshalb sie laut Ahnert „[...] als Form der Grenzfläche zwischen den beiden beweglichen Medien Gletschereis und Lockermaterial [...]" betrachtet werden können. Drumlins weisen eine ungleichmäßige Verteilung über das Gebiet der Grundmoräne auf, so treten sie in Bereichen mit ausreichend Materialverfügbarkeit und begünstigender Gletschergeschwindigkeit vermehrt auf (Ahnert 2009[4]:315).

5 Die Glaziale Serie im Alpenraum

Die glaziale Serie ist eine Bezeichnung für das kumulative Auftreten, wie auch die Verknüpfung verschiedenartiger glazialer Ablagerungen einer Eiszeit (Schreiner 1992:67). Sie bildet ein Konzept mit dessen Hilfe chronologische und genetisch-räumliche Zusammenhänge glazialen und glazifluvialen Akkumulationsformen verdeutlicht werden sollen (Winker 2009:153).

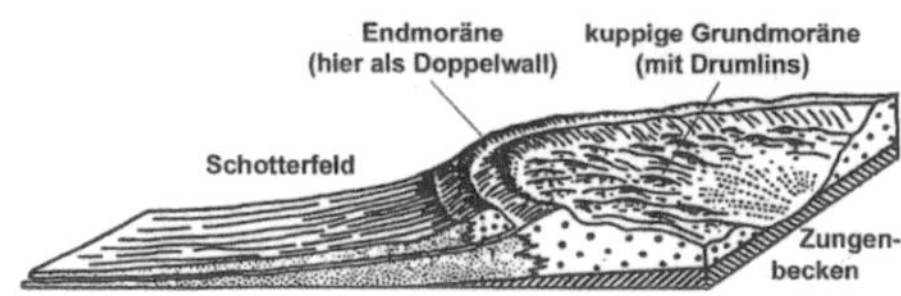

Quelle: (Zepp 2011[5]:206)

Vom Eisrand aus betrachtet, was der rechten Seite der zugehörigen Abbildung 4 entspricht, gliedert sich die glaziale Serie in ein, durch starke glaziale Tiefenerosion geschaffenes, Zungenbecken, eine stark relieffierte Grundmoräne, die mit einer wallartigen Endmoräne endet. Jenseits der Endmoräne schließt sich im alpinen Raum das leicht geneigte Schotterfeld an (Winker 2009:153). Sie entstehen durch Aufschotterung des von den Schmelzwässern mitgeführten Materials im Bereich des Gebirgsvorlandes (Schreiner 1992:45-46). Als letztes Element der glazialen Serie ist das Abflusssystem der Schmelzwässer anzusehen. Allerdings bildet sich im alpinen Raum kein neues Abflusssystem, da die Schmelzwässer hier über das bereits existierende System des Donautals abgeführt werden (Winker 2009:153). Die starke Relieffierung im Bereich der Grundmoräne wird durch das Auftreten diverser glazialer Akkumulationsformen, wie Toteishohlformen und Drumlins, hervorgerufen. Allerdings prägen auch glazifluviale Erscheinungsformen, wie Kames und Oser, die Oberflächenform der Grundmoräne. Dabei handelt es sich um geschichtete Aufschüttungen glazialer Schmelzwässer von unterschiedlicher Form und Größenordnung (Zepp 2011[5]:204-205).

Die Oberflächengestaltung der glazialen Serie ist nur in Jungmoränenlandschaften anzutreffen, da sie in Altmoränenlandschaften meist durch mehrfache Überprägungen nicht mehr zu erkennen ist (Zepp 2011[5]:206). Hier wird auch die hohe Bedeutung der glazialen Serie an der Quartärforschung deutlich.

Im alpinen Raum gab es während des Quartärs vier Eiszeiten in deren zugehörigen Jungmoränenlandschaften es zur Ausbildung einer glazialen Serie kam. Es handelt sich dabei um die Günz-, Mindel-, Riß- und Würdeiszeit (Ehlers 1994:222-223).

6 Fazit

Abschließend lässt sich festhalten, dass Gletscher über eine enorme gestalterische Kraft verfügen, die durch die verschiedenen glazialen Erosions- und Akkumulationsformen veranschau-
licht werden. Die Prozesse, die zur Ausbildung dieser Erscheinungsformen führen, stehen in
einem bedingenden Zusammenhang und können in eine chronologische Reihenfolge gebracht
werden. Darüber hinaus stellen die glazialen Prozesse mit ihren resultierenden Oberflächenformen einen Teilausschnitt des Gesteinskreislaufes dar, der für die Formung der gesamten
Erdoberfläche verantwortlich ist.

Weiterhin wird im Verlauf dieser Arbeit deutlich, dass die Abgrenzung der glazialen von den
glazifluvialen Prozessen und Erscheinungsformen schwierig ist, da Schmelzwässer, in ver-
schiedenem Maße, fast immer an der Bildung glazialer Erscheinungsformen beteiligt sind.

Die Tatsache, dass die glazialen Erosions- und Akkumulationsformen erst nach dem Gletscherrückzug in Erscheinung treten und somit meist sehr viel Zeit zwischen der Entstehung und Er-
forschung dieser Formen liegt, kann als Grund für die oft fehlenden Übereinstimmung der Aus-
führungen verschiedener Autoren bezüglich dieses Themas angesehen werden. Mache glazialen Prozesse sind daher bis heute noch nicht abschließend geklärt.

Trotzdem erachte ich die Bearbeitung dieses Themas als sinnvoll, weil, wie bereits erwähnt, die
enormen Kräfte des glazialen Mediums Eis eine große Vielfalt an Oberflächenformen, verschie-
denster Dimensionen, hervorbringt und somit einen großen Teil unserer heutigen Umwelt prägt.

Literaturverzeichnis

Ahnert,F. (2009^4): Einführung in die Geomorphologie. Stuttgart: Verlag Eugen Ulmer.

Bahlburg, H./Breitkreuz, C. (2004^2): Grundlagen der Geologie. München: Elsevier GmbH.

Benda, L. (1995): Das Quartär Deutschlands. Berlin – Stuttgart: Gebrüder Borntraeger.

Ehlers, J. (1994): Allgemeine und historische Quartärgeologie. Stuttgart: Enke Verlag.

Embleton, C./King, C. (1975^2): Glacial Geomorphology. London: Edward Arnold Publishers Ltd.
    (= Glacial and Periglacial Geomorphology 1).

Fraedrich, W. (1996): Spuren der Eiszeit - Landschaftsformen in Europa. Berlin-Heidelberg: Springer-Verlag.

Georgi, K.-H. (1972): Kreislauf der Gesteine - Eine Einführung in die Geologie. Hamburg: Rowohlt Taschenbuch Verlag GmbH.

Goudie, A. (2002^4): Physische Geographie. Berlin Heidelberg: Spektrum Akademischer Verlag.

Kuhle, M. (1991): Glazial Geomorphologie. Darmstadt: Wissenschaftliche Buchgesellschaft.

Leser, H. (1998^8): Geomorphologie. Braunschweig: Westermann Schulbuchverlag (= Das geographische Seminar).

Louis, H. (1979^4): Allgemeine Geomorphologie. Berlin – New York: Walter de Gruyter (= Lehrbuch der Allgemeinen Geographie 1).

Press, F./Siever, R. (2008^5): Allgemeine Geologie. Berlin Heidelberg: Springer-Verlag.

Price, R.J. (1973): Glacial and fluvioglacial Landforms. Edinburgh Boyd (= Geomorphology Texts).

Schreiner, A. (1992): Einführung in die Quartärgeologie. Stuttgart: E. Schweizerbart´sche V Verlagsbuchhandlung (Nägle u. Obermiller).

Strahler, A.H./Strahler, A.N. (1999): Physische Geographie. Stuttgart: Verlag Eugen Ulmer.

Wilhelm, F. (1974): Schnee- und Gletscherkunde. Berlin – New York: Walter de Gruyter & Co (= Lehrbuch der Allgemeinen Geographie 3).

Winkler, S. (2009): Gletscher und ihre Landschaften – Eine illustrierte Einführung. Darmstadt: WBG.

Zepp, H. (2011^5): Geomorphologie – Eine Einführung. Paderborn: Ferdinand Schöning UTB.